Embroidered
Wild
Flowers

Embroidered
Wild
Flowers

Embroidered
Wild
Flowers

前言

在訪問英國著名的庭園時，

彷彿身在夢境般的恍惚，突然意外瞧見腳邊隨處可見的繁縷，

正靜悄悄的蔓延叢生。

我想，為什麼會有與日本一樣的雜草生長在這裡？

說不定這就是我對於野生花草開始感到興趣的開端。

調查過圖鑑後，我發現散步時隨處可見的野生花草，

多半是很久以前從遠方飄過來的外來種，

令人懷念的原野，事實上它是具有多重國籍的。

為了生存下去，算計好時機，利用周遭的昆蟲們，

快速的將下一個世代的種子傳播開來的野生花草們，

本身強健的姿態也並非徒勞無益。

再者，種子隨風飄散傳播遠處，

一點一滴慢慢的將生育範圍擴大移動，

這也是植物存活下去的戰略之一。

在遠方公園看見的橙橘色罌粟花，

大約 5 年前來到了我家附近生長。

對於野生花草的了解越深，便越是感到趣味無窮。

在微不足道的日常生活接連延續，

孕育出這本不同季節的散步刺繡。

衷心期盼，能帶給喜愛散步與野生花草的讀者們怡然歡樂。

小小工作室　　　青木和子

青木和子 的 刺繡漫步手帖

Embroidered Wild Flowers

Contents

Embroidered
Wild Flowers

Sketch 1

蒲公英花開時

當陽光灑落，開始感覺溫暖時，
花莖慢慢延伸、黃色小花緩緩綻放。
不久後，白色棉絮開始飛舞，
蒲公英的領土漸漸擴散滋長。

>see p.54-55

走在堤防沿岸時

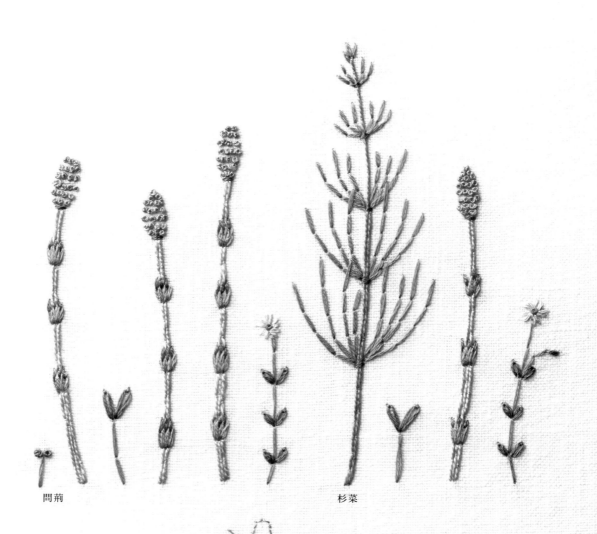

問荊　　　　　　　　　　　　　　杉菜

>see p.56-57

走在陽光普照的堤防沿岸時，

問荊與杉菜、正要開花的油菜花，

還有一整片的阿拉伯婆婆納。

這些都是宣告春天來臨的小花們。

油菜花

阿拉伯婆婆納

長莢罌粟

>see p.58-59

雖然是外來植物的物種，

但不知曾幾何時，已成為本地春天風景的花朵。

菫

散步途中常常看見，在道路與步道的縫
隙中生長的菫，因為它的種子有甜味，
所以螞蟻會來搬運與播種。

曙菫

大紫花菫菜

有明菫

13

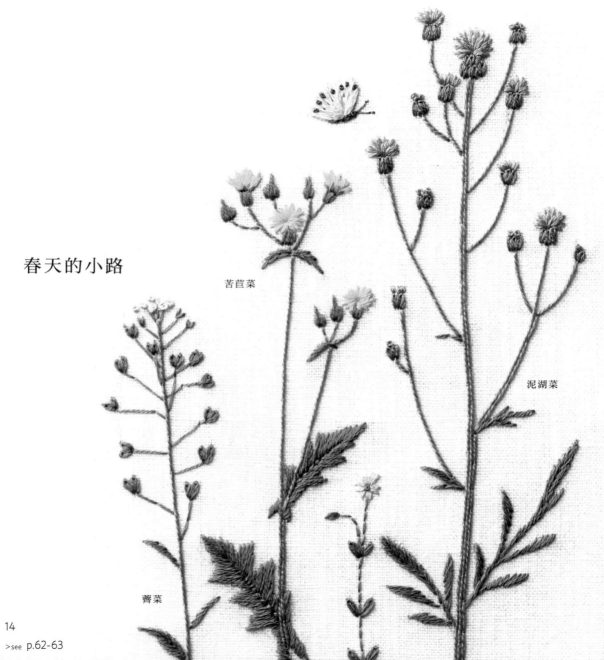

春天的小路

苦苣菜

泥湖菜

薺菜

在各自喜愛的場所爭奇鬥艷，春天的花朵。

春飛蓬

烏嘴豆

彎曲碎米薺

剪刀股

看麥娘

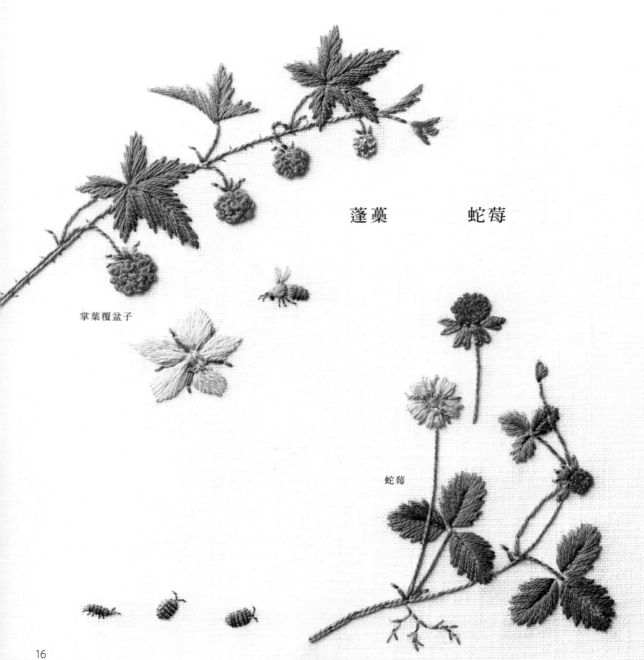

蓬蘽　　蛇莓

掌葉覆盆子

蛇莓

蓬蘽

林間小路邊的蓬蘽是日本的木莓。

茅莓生長在鐵道的兩旁，每年都非常期待經過鐵道邊。

茅莓

下雨天

下雨天的時節，最令人期待的是繡球花開花。
其中的山野繡球花，小巧玲瓏又多采多姿。

山野繡球花

>see p.66-67

向日葵的隊伍

稻田之中的田間小路，向日葵生長得極好，

讓人抬頭仰望般的高大。

在陽光灑下的午後，也開始慢慢出現低垂

的向日葵。

>see p.68-69

野生花草

停車場的圍牆邊有各式各樣種類繁多的
禾本科雜草。
樸實不華麗，但卻各自開花、各自結果。

狗尾草

具芒碎米莎草

野燕麥

知風草

白茅

義大利黑麥草

升馬唐

23
>see p.70-71

酢醬草

公園的角落

夏天裡知了鳴叫的公園角落，

是雜草們的綠洲。

有時在地面上爬行、有時簇擁而生，

或有時伸長了藤蔓。那裡也是昆蟲們的住處。

斑地錦

>see p.72-73

雞屎藤

鴨拓草

魚腥草

黃鳳蝶

夏天的蝴蝶

艷陽高照的夏日，
黃鳳蝶穿梭在樹蔭當中。

裡波小灰蝶

黃鉤蛺蝶

紅小灰蝶

紋黃蝶

紋白蝶

Sketch II

秋天的小路

嚴酷的夏日，稍微收斂時，吹來徐徐涼風，
芒草叢裡與林地邊端搖曳著初開的花朵。

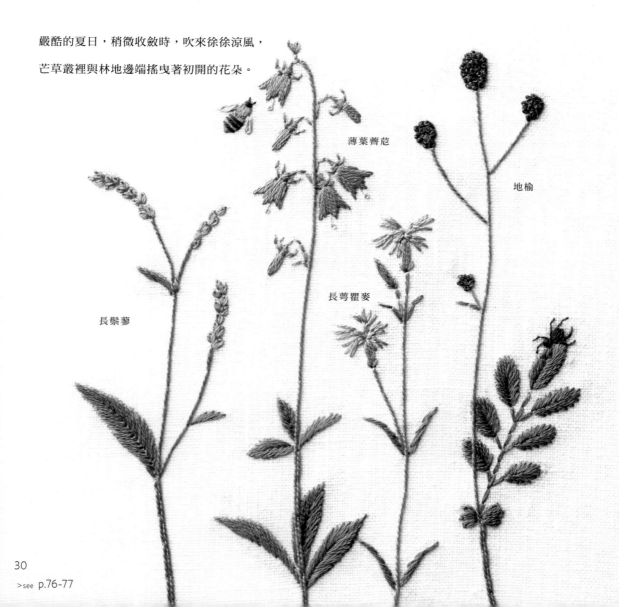

薄葉薺苨

地榆

長蕚瞿麥

長鬃蓼

黃花敗醬草

大薊
（南國小薊）

紫菀花

爵床

頭花蓼
（粉糰蓼）

31

深秋染黃的樹葉

北美楓香樹

日本山櫻

銀杏

烏桕

枹櫟

三角槭

美桐（球懸鈴木）

菌菇類

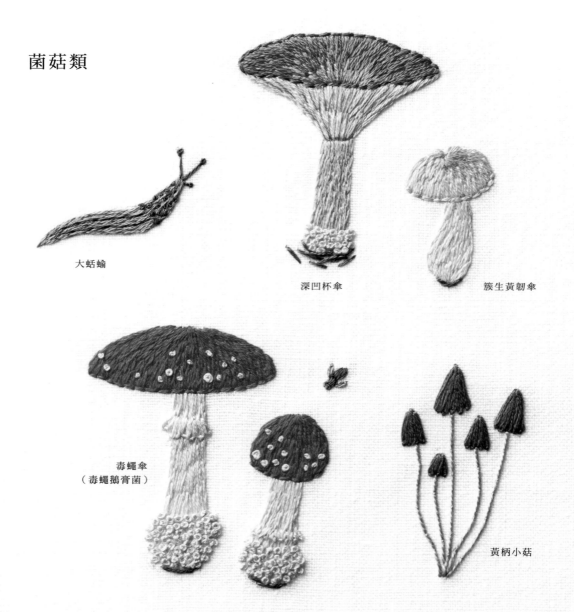

大蛞蝓

深凹杯傘

簇生黃韌傘

毒蠅傘
（毒蠅鵝膏菌）

黃柄小菇

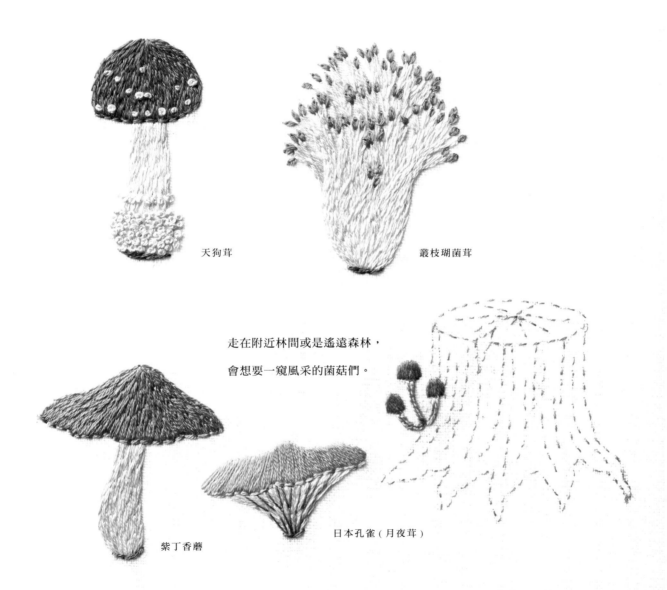

天狗茸

叢枝瑚菌茸

走在附近林間或是遙遠森林，
會想要一窺風采的菌菇們。

紫丁香蘑

日本孔雀（月夜茸）

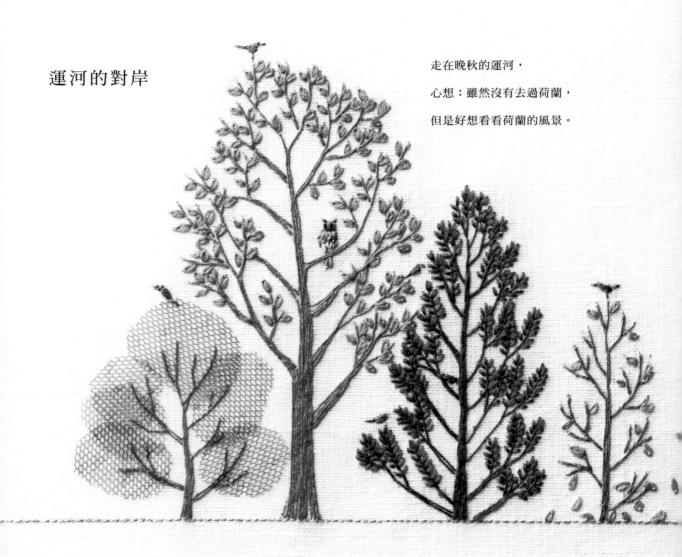

運河的對岸

走在晚秋的運河，

心想：雖然沒有去過荷蘭，

但是好想看看荷蘭的風景。

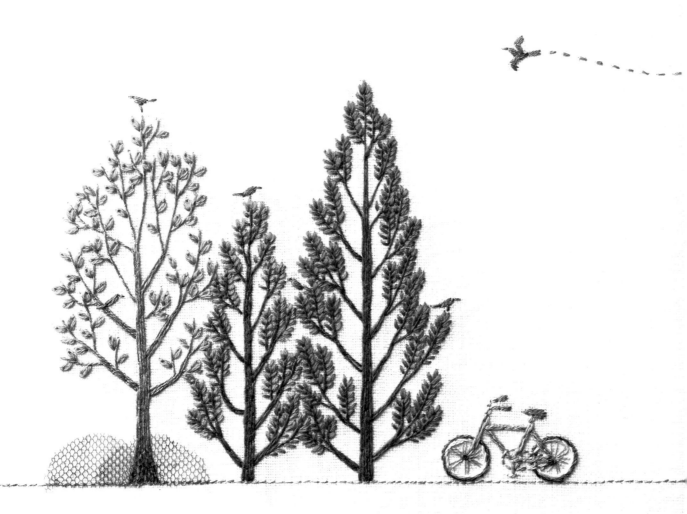

賞鳥活動

小星頭啄木鳥

麻雀

黃尾鴝

藍尾鴝

棕耳鵯

39

寄生草木

「這是住在八岳的朋友送的禮物。」

將槲寄生送來的是住在附近的友人。

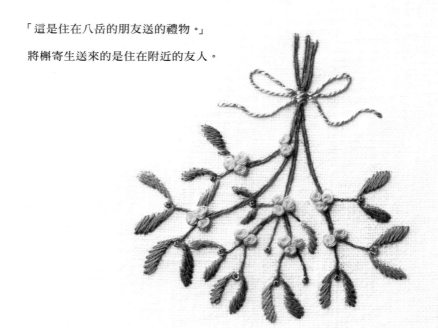

收集材料

將藤蔓編織成花圈，

再將收集來的材料固定上。

散步時要帶著花籃喔！

日本冷杉

日本女貞

橡實

薔薇果

柊樹

苔蘚的世界

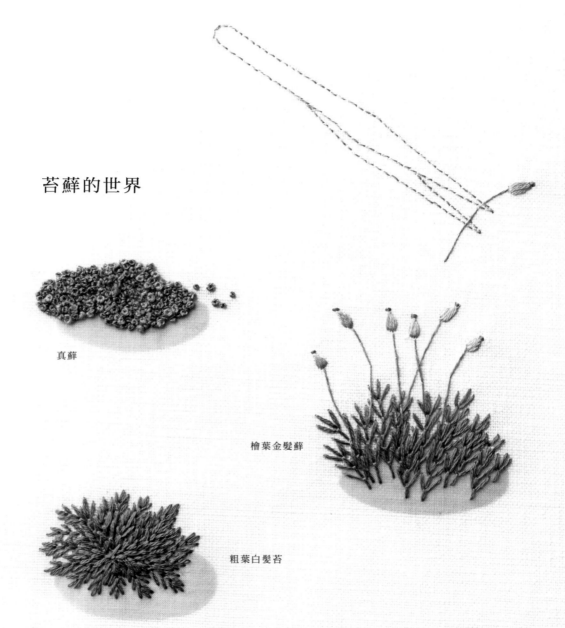

真蘚

檜葉金髮蘚

粗葉白髮苔

>see p.90-91

地錢蘚

只要有心想要看見它，

它就生存在你的身邊。

生長在道路的邊緣與樹木的根部，

還會開花呢！

梨蒴珠蘚

特別與不特別的小物

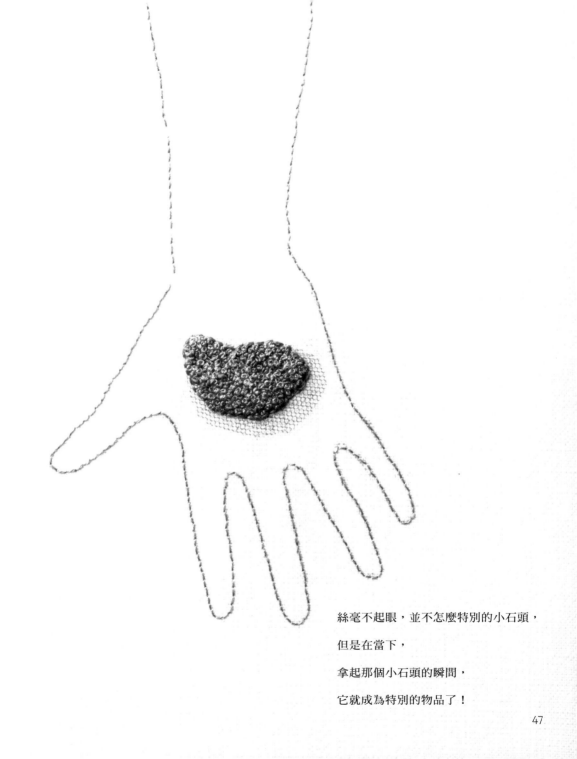

絲毫不起眼，並不怎麼特別的小石頭，

但是在當下，

拿起那個小石頭的瞬間，

它就成為特別的物品了！

準備刺繡的工作

* 關於繡線

本書收錄作品主要使用DMC繡線。5號繡線、麻的繡線直接取一股進行刺繡。 25號繡線是由6股細線捻合成一束，剪成欲使用的長度後（50至60cm最為恰當好用）將繡線一股一股抽出，再將指定的股數捻合在一起使用（本書若無特別指定，請使用三股線）。

兩色以上的繡線捻合在一起，穿過針孔使用的刺繡方法稱之為「混色」。 將顏色混搭後，可增添幾分更具深度的效果。

本書作品的釘線繡，為了使壓線不會特別顯眼，若是沒有特別指定，使用25號繡線1至3股，5號繡線使用25號同顏色繡線1股壓線。選用麻線時，則使用1股25號相似顏色繡線。

* 關於刺繡針

繡線與刺繡針的關係非常重要。配合繡線的粗細，尋找適當的刺繡針。使用針端較尖銳的針。

5號繡線1股…… 法國刺繡針No.3至4
25號繡線2至3股…… 法國刺繡針No.7
25號繡線1股 ……較細的縫針

* 關於布料

本書作品使用麻100％的布料。使用文化繡框1號（24×19cm），自35×30cm布料的中央開始刺繡。

使用於刺繡的布料背面，一定要貼上單面接著襯（中厚程度）。這樣的處理會減掉布料的伸縮，穿到背面的繡線才不會影響表面，完成後的成品明顯的更加優美。

* 關於圖案

本書收錄圖案為原尺寸。請先以描圖紙描下圖案，並於布料的表面放上可以用水消失的轉印紙（推薦使用灰色）與描好圖案的描圖紙、玻璃紙，重疊好後，以手藝用的鐵筆轉寫。

* 關於繡框

刺繡時，將布料繃於繡框，以利於漂亮完成作品。小作品用圓框，大作品配合尺寸，使用文化繡用框的四角形繡框。

* 刺繡時應用的私房小祕訣

· 刺繡時，依據上述的條件將圖案複寫在布料上。由於隨著布料材質不同，有些布料細部的角落無法複寫，因此使用遇熱可以消失的記號筆，最後再追加畫上。漂亮且完整的複寫圖案，是刺繡漂亮的祕訣之一。刺繡完成以後，首先要使用噴霧器噴濕作品，使其記號筆的線消失，再從布料的背面使用熨斗或吹風機，加予一些熱氣，使熱消筆的痕跡消失。

· 刺繡的順序以植物的例子來說為：莖→葉→花。葉子之中的葉脈請最後添加繡上，這樣線條才會有蓬鬆立體感，線條才會顯得清楚分明。

· 葉子與花朵從外側開始向內側刺繡，這樣比較容易決定方向。

· 雖說本書收錄了圖案與淺顯易懂的刺繡方法，但還是推薦您在刺繡前看看實體植物、圖鑑等書籍的照片、從網路確認照片，更了解整體的印象，就能於刺繡時表現出來，下針時也不會迷惘。

· 植物與鳥類等，具有五花八門的種類，雖有相同的特徵，但卻沒有相同的形狀。增加花朵的分量、或添加鳥兒身形圓潤蓬鬆感時，請盡情享受這段想辦法花功夫的創作過程。

刺繡針法

平針繡

適合使用於想要有些線條,但又不想太顯眼時的刺繡。

回針繡

完成簡潔優美的刺繡線條。於刺繡弧度時,使用較細的針目。使用於葉柄與根部的尖端等處。

輪廓繡

用於較顯眼與有織物感的線條刺繡。並列著繡,也可應用於整面刺繡。使用於莖與根的刺繡。

釘線繡

用來描繪自由的線條,文字的細部也予以完美呈現。莖部使用5號線強調線條,壓線使用較細繡線,會使成品更漂亮。

直線繡

非常單純的刺繡方法,但所有的刺繡因它而生。使用於細小花瓣與植物的細部。

「裂線繡」

並列著繡,經常應用於整面刺繡。填於葉片等較寬面積時,也不會顯得厚重。略為修長的針目,可呈現較為平坦的作品。

緞面繡

具有光澤感與平滑的感覺，用於花瓣最適合不過，運用在葉片亦可。以相當一致的力道拉繡線，可使成品更漂亮。

長短針繡

經常用於大面積的刺繡。一定要從圖案的外側開始將針拉出，於中心側將針刺入。

繡第2段時，從第一段繡線之間將針穿出，不留縫隙的刺繡。

法式結粒繡
（繞2圈的時候）

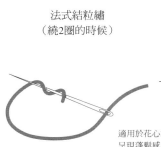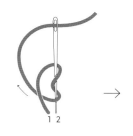

適用於花心或小花苞、種子等。因拉繡線的方式而異，可以呈現結實感，也可呈現蓬鬆感。本書若無特別指定時，請繞2圈。

鎖鍊繡

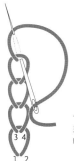

像連結鎖鍊一樣的繡法。加強拉繡線的力道使鎖鍊變細，可以作出使繡線較有分量的刺繡。

飛行繡

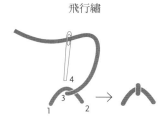

使用於鳥或蝴蝶的翅膀輪廓。因壓線的長短而異，有著各式各樣的呈現方式。

捲線繡（圓形）

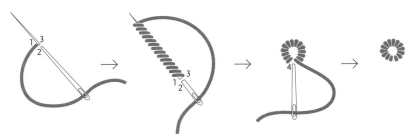

完成圓形的樣式。以2、3的部分少量挑針，將繡線於刺繡針上多繞數圈，就會形成圓形。再多繞幾圈就會形成水滴形。

雛菊繡

（變化式）

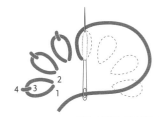

用於小花瓣或是花萼。為了填補中央的空間部分，常與直線繡或緞面繡一起組合使用。可以繡細長些或以拉繡線的力道調整形狀。

毛邊繡

〈變化式〉

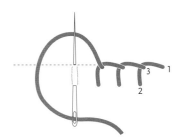
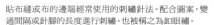
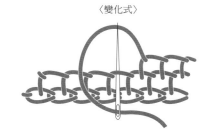

貼布縫或布的邊端經常使用的刺繡針法。配合圖案，變通間隔或針腳的長度進行刺繡。也被稱之為釦眼繡。

先完成一排鎖鍊繡，再於鎖鍊之間下針挑布進行毛邊繡，第二段開始錯開半針進行刺繡。

蛛網繡
（分5條底線時）

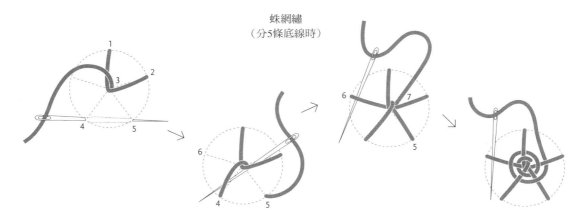

圓形的中央將線穿入，製作5條底線，從中心將線穿出，以繞圓圈的方式進行刺繡。

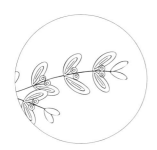

p.72（下）地錦草葉子
的繡法

將雛菊繡由內側到外側的順序刺繡兩層，中央的空間以直線繡填滿，固定雛菊繡的繡線小一點，就會形成尖端是圓形的葉子。

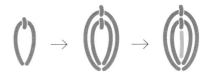

p.84−85 鳥類眼睛的繡法

完成法式結粒繡後，以單股繡線的雛菊繡，繡出白色細線條包圍四周。這2個刺繡的壓線針目，可當成眼角與眼尾，或是將雛菊繡（繡法p.52步驟1、2的順序）的間隔拉開，表情也會有所改變。

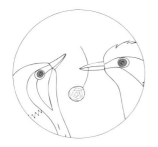

【材料】DMC繡線25號= 989，988，3346，726，3821，729 613，3863，168，844，3023，5號=989

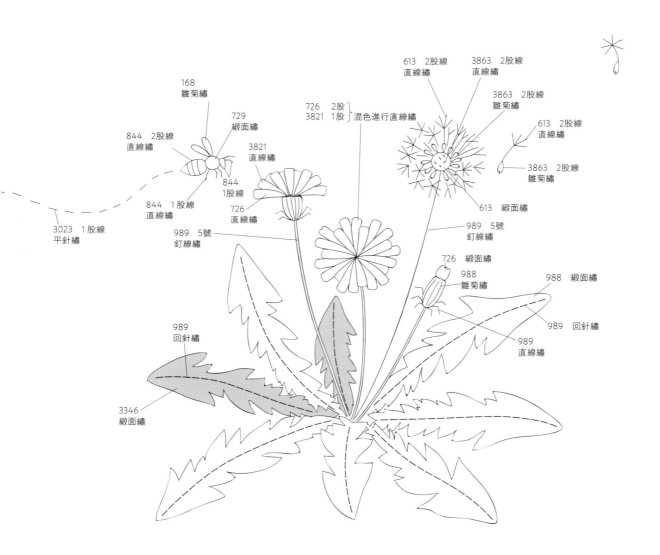

613　2股線
直線繡

3863　2股線
直線繡

3863　2股線
雛菊繡

613　2股線
直線繡

3863　2股線
雛菊繡

613　緞面繡

168
雛菊繡

729
緞面繡

726　2股
3821　1股 }混色進行直線繡

844　2股線
直線繡

3821
直線繡

844
1股線

844　1股線
直線繡

726
直線繡

3023　1股線
平針繡

989　5號
釘線繡

989　5號
釘線繡

726　緞面繡

988
雛菊繡

988　緞面繡

989　回針繡

989
直線繡

989
回針繡

3346
緞面繡

【材料】DMC繡線25號= 989，988，726，613，3863
5號=989 配色布= 聚酯纖維薄紗（綠色）適量

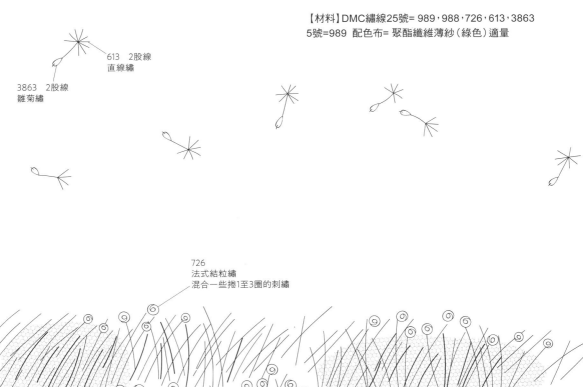

613　2股線
直線繡

3863　2股線
雛菊繡

726
法式結粒繡
混合一些捲1至3圈的刺繡

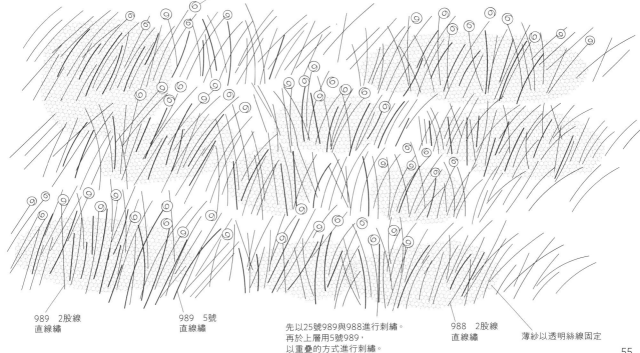

989　2股線
直線繡

989　5號
直線繡

先以25號989與988進行刺繡。
再於上層用5號989，
以重疊的方式進行刺繡。

988　2股線
直線繡

薄紗以透明絲線固定

【材料】DMC繡線25號= 989，3347，372，611，738，422，822，3023，5號= 738，989

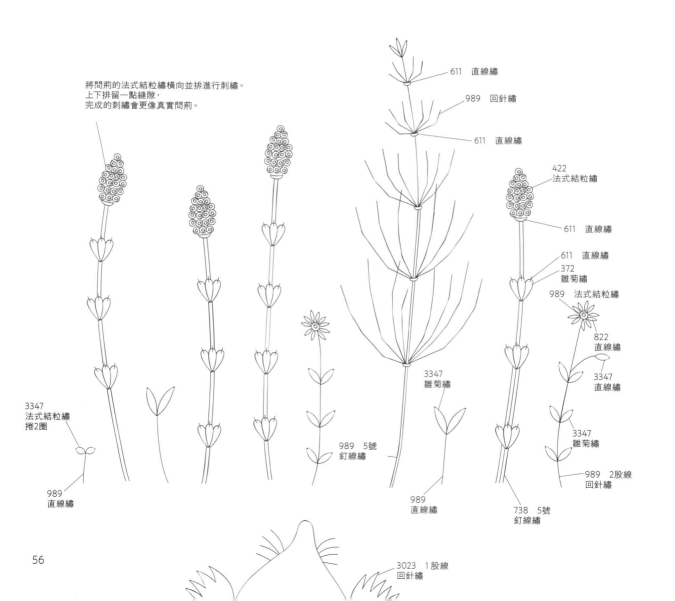

將問荊的法式結粒繡橫向並排進行刺繡。
上下排留一點縫隙，
完成的刺繡會更像真實問荊。

611　直線繡

989　回針繡

611　直線繡

422
法式結粒繡

611　直線繡

611　直線繡
372
雛菊繡
989　法式結粒繡

822
直線繡

3347
直線繡

3347
雛菊繡

989　2股線
回針繡

3347
雛菊繡

989　5號
釘線繡

989
直線繡

3347
法式結粒繡
捲2圈

989
直線繡

738　5號
釘線繡

3023　1股線
回針繡

【材料】DMC繡線25號= 989，988，3347，372，3012，611，738，422，3822，3328，156，822，3023，645
5號= 738，989，3012，配色布= 尼龍纖維（藍灰色）適量

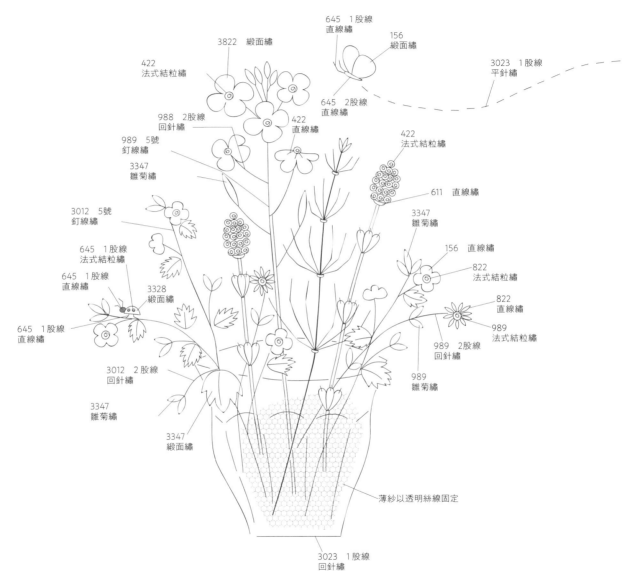

645　1股線
直線繡

156
緞面繡

3023　1股線
平針繡

3822　緞面繡

422
法式結粒繡

645　2股線
直線繡

988　2股線
回針繡

422
直線繡

422
法式結粒繡

989　5號
釘線繡

611　直線繡

3347
雛菊繡

3347
雛菊繡

3012　5號
釘線繡

156　直線繡

822
法式結粒繡

645　1股線
法式結粒繡

822
直線繡

645　1股線
直線繡

3328
緞面繡

989
法式結粒繡

645　1股線
直線繡

989　2股線
回針繡

989
雛菊繡

3012　2股線
回針繡

3347
雛菊繡

3347
緞面繡

薄紗以透明絲線固定

3023　1股線
回針繡

* 問荊、杉菜的繡法請參考p.56

57

長莢罌粟　page 10-11

【材料】DMC繡線25號= 989，3347，3012，721，351，3866，738，729，844，168，5號= 989

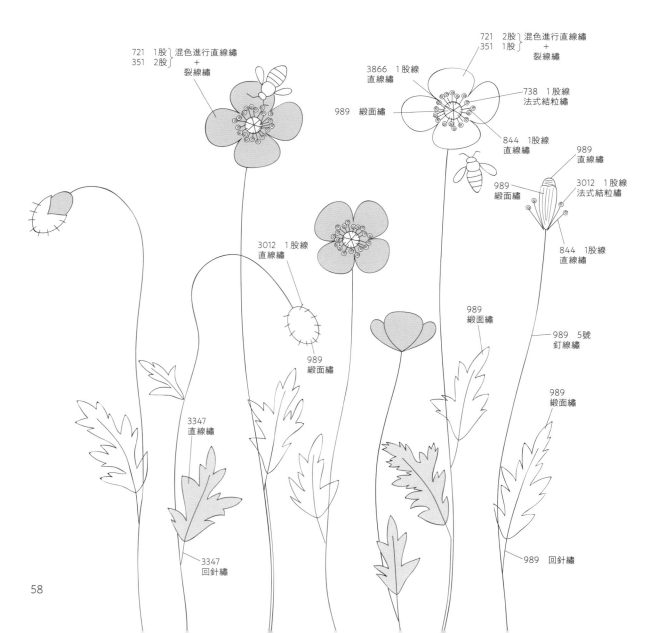

721　1股
351　2股 } 混色進行直線繡
　　　　　+
　　　　　裂線繡

721　2股
351　1股 } 混色進行直線繡
　　　　　+
　　　　　裂線繡

3866　1股線
直線繡

989　緞面繡

738　1股線
法式結粒繡

844　1股線
直線繡

989
直線繡

989
緞面繡

3012　1股線
法式結粒繡

844　1股線
直線繡

3012　1股線
直線繡

989
緞面繡

989
緞面繡

989　5號
釘線繡

989
緞面繡

3347
直線繡

3347
回針繡

989　回針繡

58

【材料】DMC繡線25號= 989，3347，3012，721，351，3866，738，729，844，168，5號=989，3012

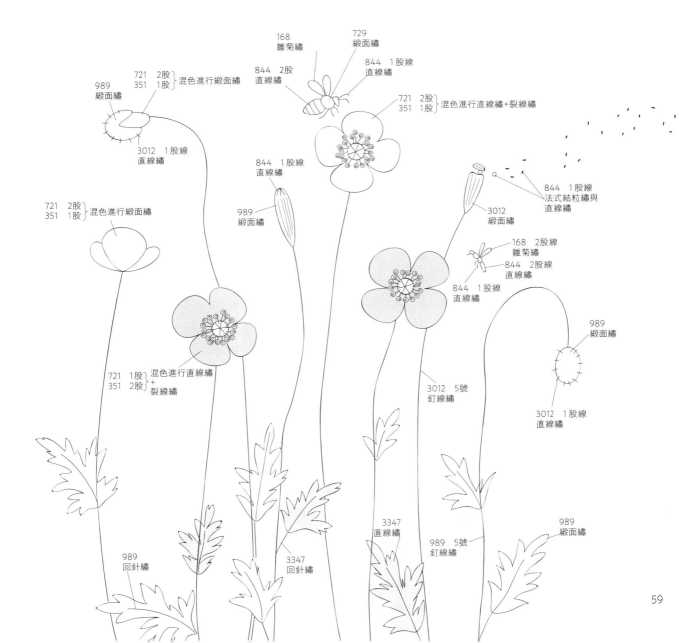

168
雛菊繡

729
緞面繡

844　2股
直線繡

844　1股線
直線繡

721　2股
351　1股　混色進行緞面繡

989
緞面繡

3012　1股線
直線繡

721　2股
351　1股　混色進行直線繡+裂線繡

844　1股線
法式結粒繡與
直線繡

844　1股線
直線繡

989
緞面繡

3012
緞面繡

168　2股線
雛菊繡

844　2股線
直線繡

844　1股線
直線繡

721　2股
351　1股　混色進行緞面繡

989
緞面繡

721　1股
351　2股
＋
裂線繡
混色進行直線繡

3012　5號
釘線繡

3347
直線繡

989　5號
釘線繡

989
回針繡

3347
回針繡

989
緞面繡

3012　1股線
直線繡

菫 page 12-13

【材料】DMC繡線25號= 368，989，3347，3363，3820，333，3837，841，3862，3865，3023，844，613
5號= 989，841，AFE麻繡線=L901

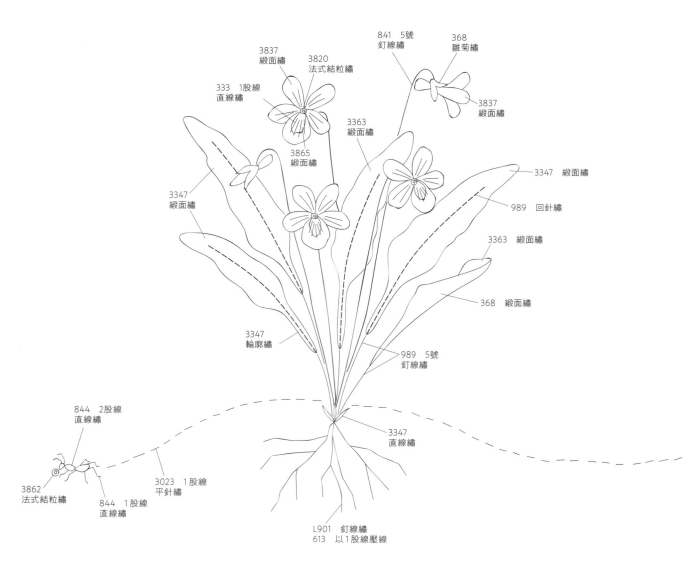

841　5號
釘線繡

368
雛菊繡

3837
緞面繡

3820
法式結粒繡

3837
緞面繡

333　1股線
直線繡

3363
緞面繡

3865
緞面繡

3347　緞面繡

989　回針繡

3347
緞面繡

3363　緞面繡

368　緞面繡

3347
輪廓繡

989　5號
釘線繡

844　2股線
直線繡

3347
直線繡

3862
法式結粒繡

844　1股線
直線繡

3023　1股線
平針繡

L901　釘線繡
613　以1股線壓線

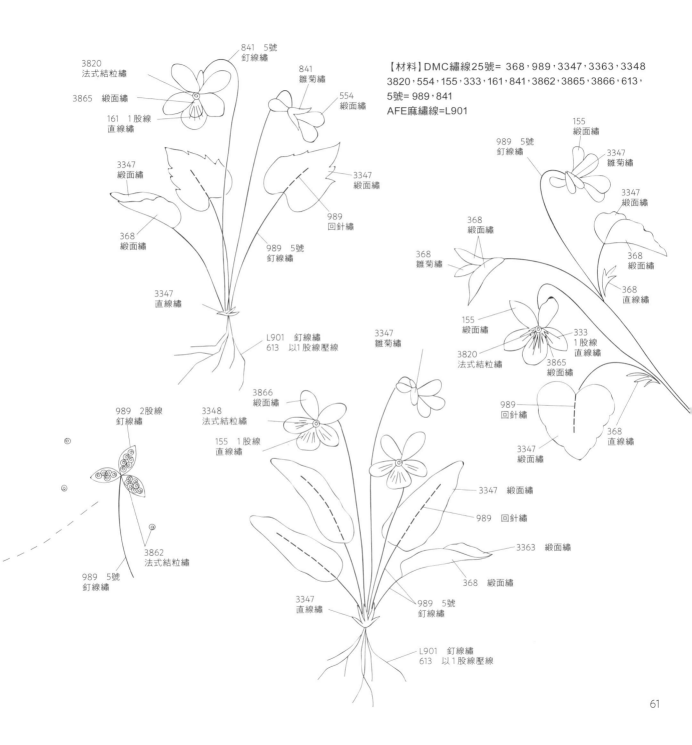

841 5號
釘線繡

3820
法式結粒繡

3865 緞面繡

161 1股線
直線繡

841
雛菊繡

554
緞面繡

3347
緞面繡

3347
緞面繡

989
回針繡

368
緞面繡

989 5號
釘線繡

3347
直線繡

L901 釘線繡
613 以1股線壓線

【材料】DMC繡線25號= 368，989，3347，3363，3348
3820，554，155，333，161，841，3862，3865，3866，613，
5號= 989，841
AFE麻繡線=L901

155
緞面繡

989 5號
釘線繡

3347
雛菊繡

3347
緞面繡

368
緞面繡

368
雛菊繡

368
緞面繡

368
直線繡

155
緞面繡

333
1股線
直線繡

3820
法式結粒繡

3865
緞面繡

989
回針繡

368
直線繡

3347
緞面繡

989 2股線
釘線繡

3862
法式結粒繡

989 5號
釘線繡

3866
緞面繡

3348
法式結粒繡

155 1股線
直線繡

3347
雛菊繡

3347 緞面繡

989 回針繡

3363 緞面繡

368 緞面繡

989 5號
釘線繡

3347
直線繡

L901 釘線繡
613 以1股線壓線

春天的小路　　page 14-15

【材料】DMC繡線25號＝ 470，989，988，3363，320，554，726，ECRU，3863，646，5號＝ 989

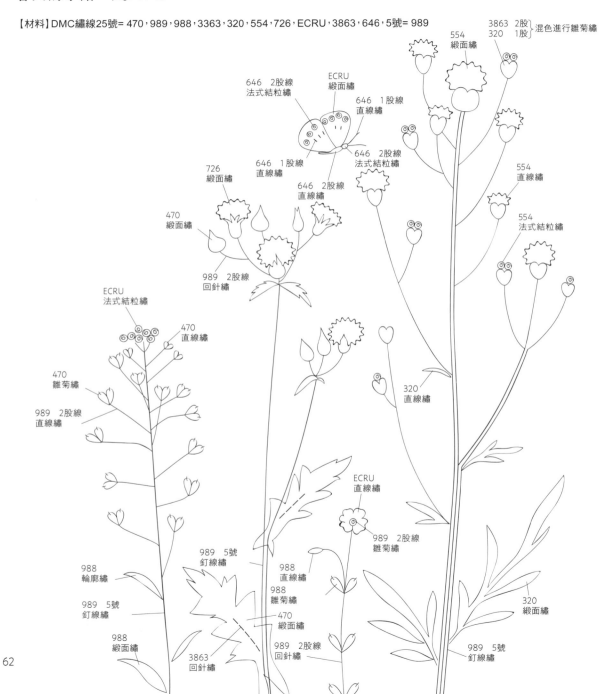

3863　2股
320　1股 } 混色進行雛菊繡

554
緞面繡

646　2股線
法式結粒繡

ECRU
緞面繡

646　1股線
直線繡

646　1股線
直線繡

646　2股線
法式結粒繡

726
緞面繡

554
直線繡

646　2股線
直線繡

554
法式結粒繡

470
緞面繡

470
直線繡

989　2股線
回針繡

ECRU
法式結粒繡

470
雛菊繡

320
直線繡

989　2股線
直線繡

ECRU
直線繡

989　2股線
雛菊繡

989　5號
釘線繡

988
直線繡

988
輪廓繡

988
雛菊繡

989　5號
釘線繡

470
緞面繡

320
緞面繡

988
緞面繡

3863
回針繡

989　2股線
回針繡

989　5號
釘線繡

62

【材料】DMC繡線25號= 471，470，989，988，3363，3354，3607，3803，726，ECRU，3863，3023，5號=989，471

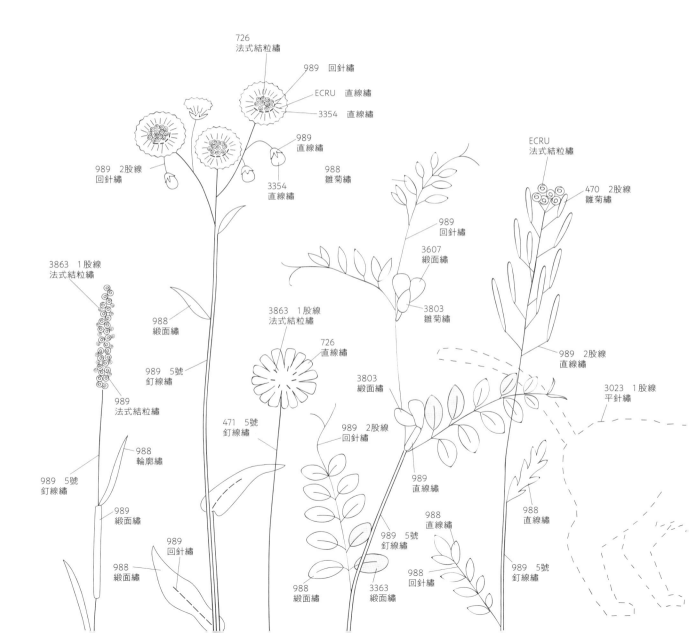

726
法式結粒繡

989　回針繡

ECRU　直線繡

3354　直線繡

989
直線繡

988
雛菊繡

ECRU
法式結粒繡

470　2股線
雛菊繡

989　2股線
回針繡

3354
直線繡

989
回針繡

3607
緞面繡

3863　1股線
法式結粒繡

988
緞面繡

3863　1股線
法式結粒繡

726
直線繡

3803
雛菊繡

989　5號
釘線繡

3803
緞面繡

989　2股線
直線繡

989
法式結粒繡

471　5號
釘線繡

989　2股線
回針繡

3023　1股線
平針繡

988
輪廓繡

989
直線繡

989　5號
釘線繡

989
緞面繡

989　5號
釘線繡

988
直線繡

988
直線繡

989
回針繡

988
緞面繡

988
緞面繡

3363
緞面繡

988
回針繡

989　5號
釘線繡

【材料】DMC繡線25號＝ 3348，3347，3363，989，988，3821，729，612，3853，3328，347，822，168，646，645，3012
5號＝3347，3012

989
緞面繡

3347
緞面繡

989
緞面繡

989
雛菊繡

3347　5號
釘線繡

3348　3股
3853　1股　混色進行法式結粒繡

3347
直線繡

3853　6股線
法式結粒繡

3347
直線繡

3012　5號
釘線繡

3012　1股線
直線繡

168
雛菊繡

729　緞面繡

645　2股線
直線繡

645　1股線
直線繡

3328　2股
347　1股　混色進行法式結粒繡

988
雛菊繡

989
直線繡

3347　5號
釘線繡

3348
直線繡

3821
緞面繡

729　2股線
法式結粒繡

3363
緞面繡

822
緞面繡

612　2股線
法式結粒繡

988
直線繡

729
緞面繡

3363
緞面繡

645　1股線
直線繡

3347
直線繡

3347　5號
釘線繡

646
緞面繡

612　2股線
回針繡

989
緞面繡

64

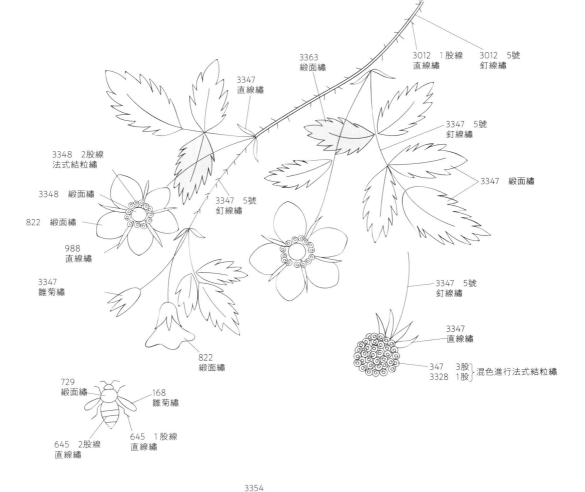

3363
緞面繡

3347
直線繡

3012　1股線　　3012　5號
直線繡　　　　釘線繡

3347　5號
釘線繡

3348　2股線
法式結粒繡

3347　緞面繡

3348　緞面繡

822　緞面繡

988
直線繡

3347　5號
釘線繡

3347
雛菊繡

3347　5號
釘線繡

3347
直線繡

347　3股
3328　1股　} 混色進行法式結粒繡

822
緞面繡

729
緞面繡

168
雛菊繡

645　2股線
直線繡

645　1股線
直線繡

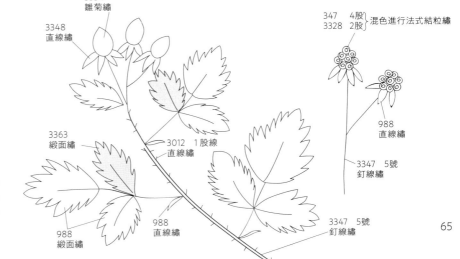

3354
雛菊繡

3348
直線繡

347　4股
3328　2股　} 混色進行法式結粒繡

3363
緞面繡

3012　1股線
直線繡

988
直線繡

3347　5號
釘線繡

988
緞面繡

3347　5號
釘線繡

988
緞面繡

【材料】DMC繡線25號= 3348，
3347，3363，989，729 3354，
3328，347，822，168，645，3012，
5號=3347，3012

65

下雨天　　page 18-19

【材料】DMC繡線25號= 800，794

794
緞面繡

800
緞面繡

66

【材料】DMC繡線25號= 800，794，3838，3807，155，210，3041，315，612，840，470，3347，5號=3347

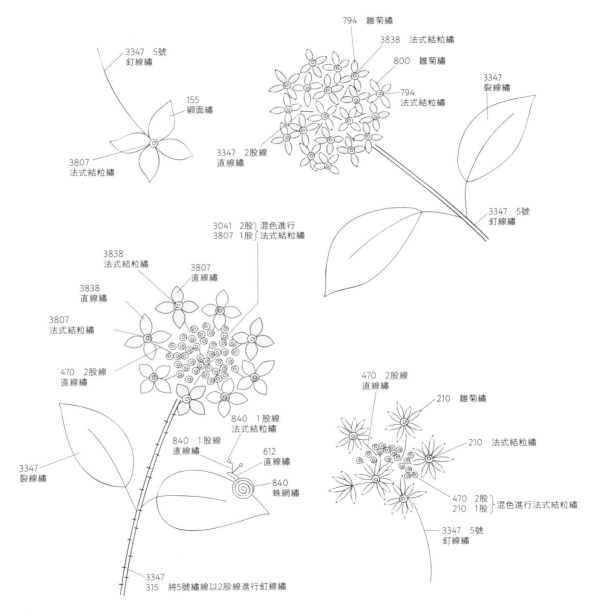

3347　5號
釘線繡

155
緞面繡

3807
法式結粒繡

794　雛菊繡

3838　法式結粒繡

800　雛菊繡

794
法式結粒繡

3347　2股線
直線繡

3347
裂線繡

3347　5號
釘線繡

3041　2股〕混色進行
3807　1股〕法式結粒繡

3838
法式結粒繡

3807
直線繡

3838
直線繡

3807
法式結粒繡

470　2股線
直線繡

840　1股線
法式結粒繡

840　1股線
直線繡

612
直線繡

840
蜘網繡

3347
裂線繡

470　2股線
直線繡

210　雛菊繡

210　法式結粒繡

470　2股
210　1股〕混色進行法式結粒繡

3347　5號
釘線繡

3347
315　將5號繡線以2股線進行釘線繡

向日葵的隊伍　　page 20-21

【材料】DMC繡線25號= 989，3347，3363，3819，17，3821，612，3045，3862，839，844，3023，5號=989
* 葉片全部進行緞面繡
　花瓣全部進行雛菊繡
　花心與莖的刺繡，繡線色號全數相同

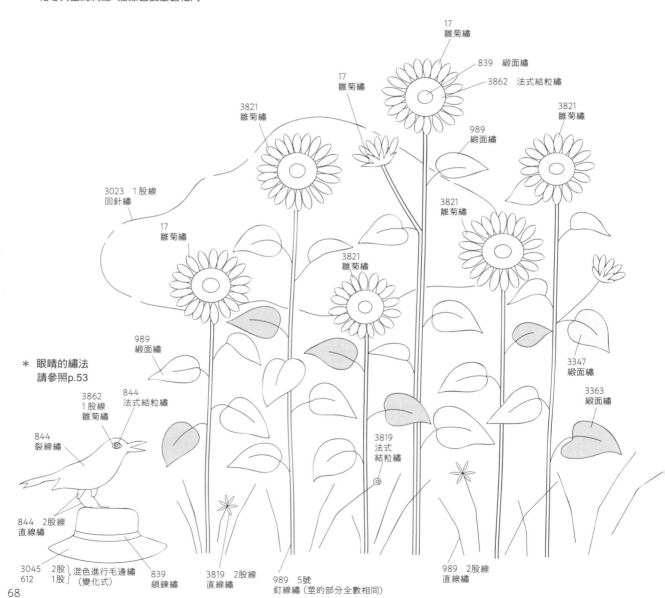

17
雛菊繡

839　緞面繡

3862　法式結粒繡

17
雛菊繡

989
緞面繡

3821
雛菊繡

3821
雛菊繡

3023　1股線
回針繡

3821
雛菊繡

17
雛菊繡

3821
雛菊繡

989
緞面繡

3347
緞面繡

* 眼睛的繡法
　請參照p.53

3363
緞面繡

3862
1股線
雛菊繡

844
法式結粒繡

844
裂線繡

3819
法式
結粒繡

844　2股線
直線繡

3045　2股
612　1股　混色進行毛邊繡
　　　　　（變化式）

839
鎖鍊繡

3819　2股線
直線繡

989　5號
釘線繡（莖的部分全數相同）

989　2股線
直線繡

【材料】DMC繡線25號= 989，3347，3363，3819，17，3821，3862，839，3023，5號=989

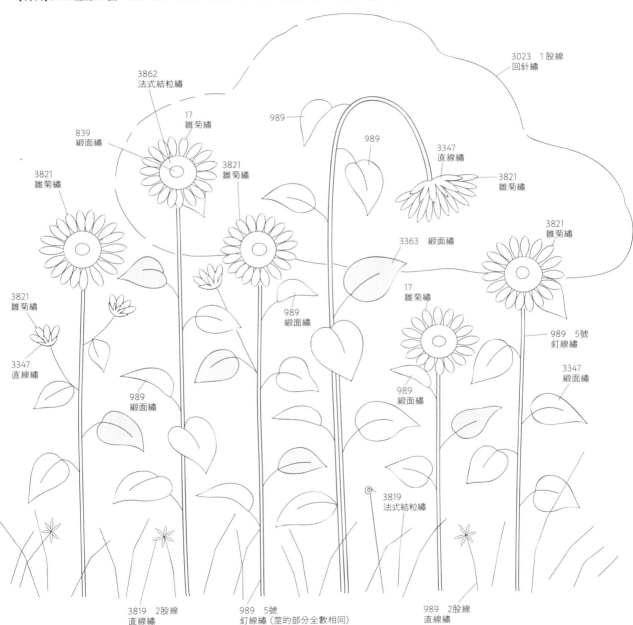

3023　1股線
回針繡

3862
法式結粒繡

17
雛菊繡

989

989

3347
直線繡

839
緞面繡

3821
雛菊繡

3821
雛菊繡

3821
雛菊繡

3821
雛菊繡

3363　緞面繡

17
雛菊繡

3821
雛菊繡

3821
雛菊繡

989　5號
釘線繡

989
緞面繡

3347
直線繡

3347
緞面繡

989
緞面繡

989
緞面繡

989
緞面繡

3819
法式結粒繡

3819　2股線
直線繡

989　5號
釘線繡（莖的部分全數相同）

989　2股線
直線繡

【材料】DMC繡線25號= 989，3347，3346，471，470，729，436，612，3023，645，5號=989，3347，346

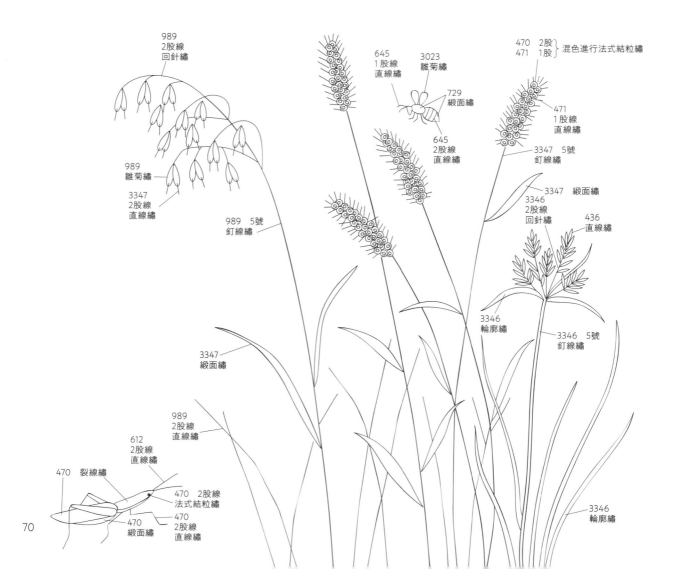

989
2股線
回針繡

645
1股線
直線繡

3023
雛菊繡

729
緞面繡

470　2股
471　1股
} 混色進行法式結粒繡

471
1股線
直線繡

989
雛菊繡

3347
2股線
直線繡

645
2股線
直線繡

3347　5號
釘線繡

3347　緞面繡

3346
2股線
回針繡

436
直線繡

989　5號
釘線繡

3346
輪廓繡

3346　5號
釘線繡

3347
緞面繡

989
2股線
直線繡

612
2股線
直線繡

470　裂線繡

470　2股線
法式結粒繡

470
緞面繡

470
2股線
直線繡

3346
輪廓繡

70

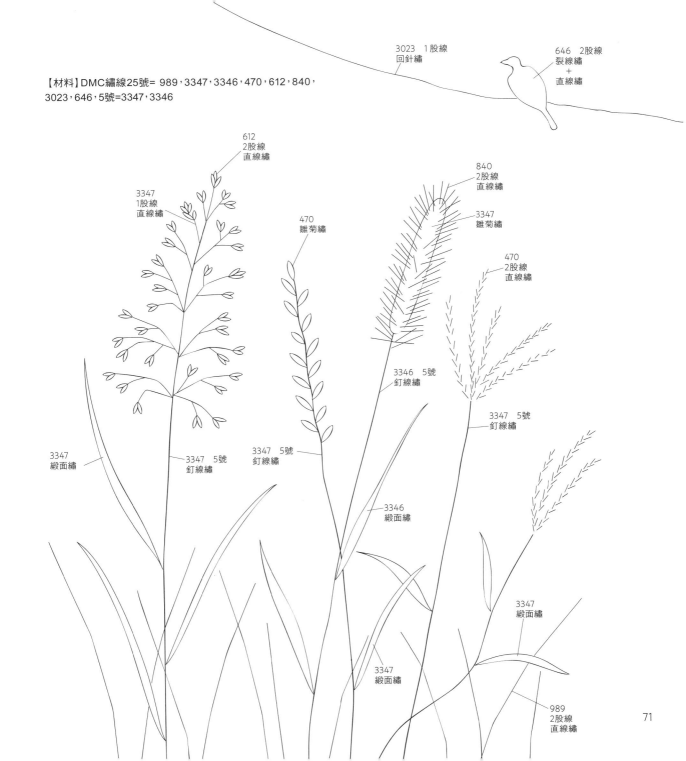

3023　1股線
回針繡

646　2股線
裂線繡
＋
直線繡

【材料】DMC繡線25號＝ 989，3347，3346，470，612，840，
3023，646，5號＝3347，3346

612
2股線
直線繡

3347
1股線
直線繡

470
雛菊繡

840
2股線
直線繡

3347
雛菊繡

470
2股線
直線繡

3346　5號
釘線繡

3347　5號
釘線繡

3347
緞面繡

3347　5號
釘線繡

3347　5號
釘線繡

3346
緞面繡

3347
緞面繡

3347
緞面繡

3347
緞面繡

989
2股線
直線繡

71

公園的角落　page 24-25

【材料】DMC繡線25號= 369，471，988，320，3346，3822，3820，844，3860，841，5號=471，841

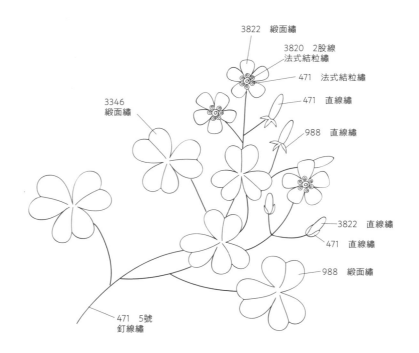

3822　緞面繡

3820　2股線
法式結粒繡

471　法式結粒繡

3346
緞面繡

471　直線繡

988　直線繡

3822　直線繡

471　直線繡

988　緞面繡

471　5號
釘線繡

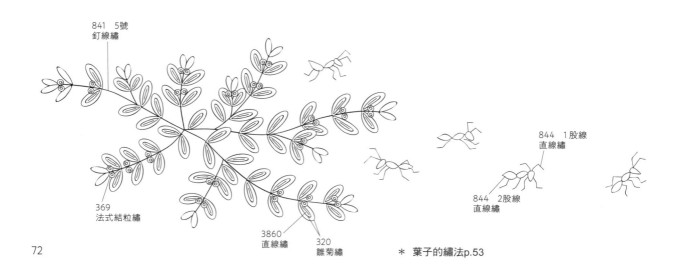

841　5號
釘線繡

844　1股線
直線繡

844　2股線
直線繡

369
法式結粒繡

3860
直線繡

320
雛菊繡

＊　葉子的繡法p.53

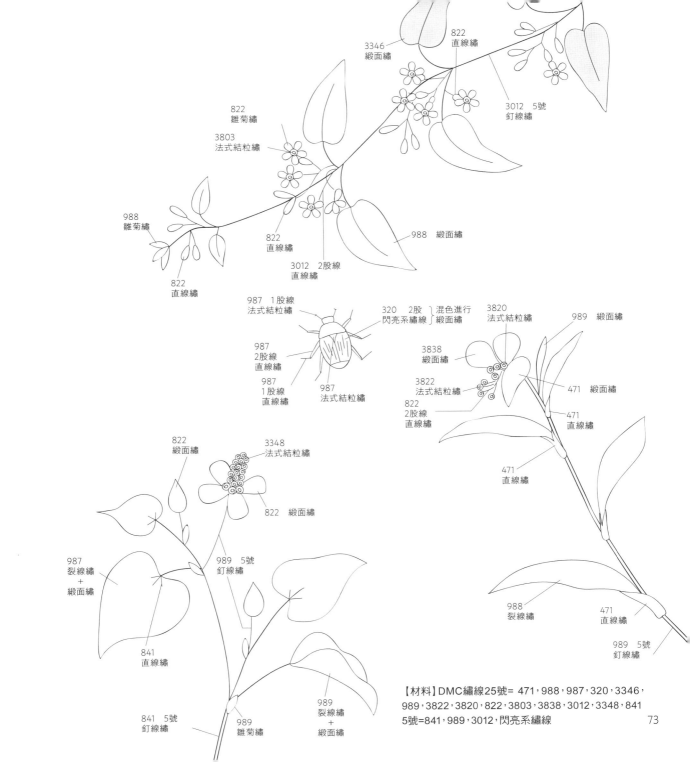

3346
緞面繡

822
直線繡

3012　5號
釘線繡

822
雛菊繡

3803
法式結粒繡

988
雛菊繡

822
直線繡

3012　2股線
直線繡

988　緞面繡

822
直線繡

987　1股線
法式結粒繡

320　2股線　混色進行
閃亮系繡線　緞面繡

3820
法式結粒繡

989　緞面繡

987
2股線
直線繡

3838
緞面繡

987
1股線
直線繡

987
法式結粒繡

3822
法式結粒繡

471　緞面繡

822
2股線
直線繡

471
直線繡

471
直線繡

822
緞面繡

3348
法式結粒繡

822　緞面繡

987
裂線繡
＋
緞面繡

989　5號
釘線繡

988
裂線繡

471
直線繡

841
直線繡

841　5號
釘線繡

989
雛菊繡

989
裂線繡
＋
緞面繡

989　5號
釘線繡

【材料】DMC繡線25號＝ 471，988，987，320，3346，
989，3822，3820，822，3803，3838，3012，3348，841
5號＝841，989，3012，閃亮系繡線　　　　　　73

夏天的蝴蝶　page 26-27

【材料】DMC繡線25號＝ 3078，976，3023，646，844，156
鐵絲＝手作花藝用鐵絲　裸線No.30

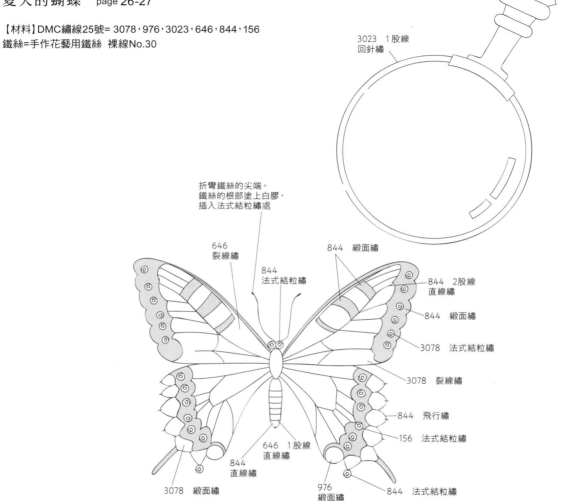

3023　1股線
回針繡

折彎鐵絲的尖端。
鐵絲的根部塗上白膠，
插入法式結粒繡處

646
裂線繡

844
綴面繡

844
法式結粒繡

844　2股線
直線繡

844　綴面繡

3078　法式結粒繡

3078　裂線繡

844　飛行繡

156　法式結粒繡

646　1股線
直線繡

844
直線繡

3078　綴面繡

976
綴面繡

844　法式結粒繡

【材料】DMC繡線25號=822，3078，976，420，434，646，844，350，156，839
鐵絲=手作花藝用鐵絲　裸線No.30

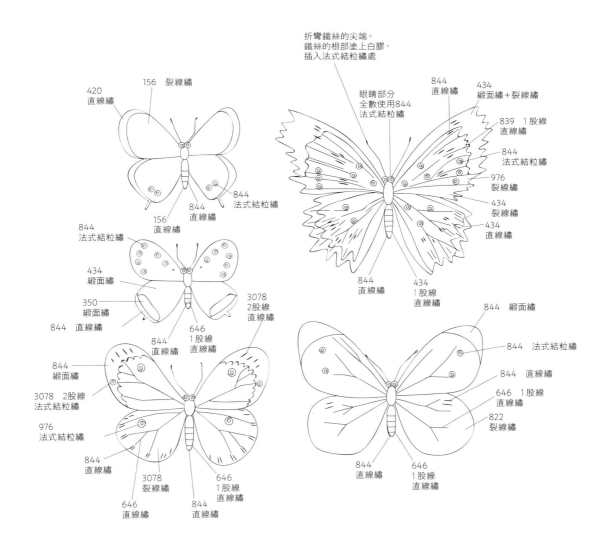

420
直線繡

156　裂線繡

844
法式結粒繡

844
直線繡

156
直線繡

844
法式結粒繡

434
緞面繡

350
緞面繡

844　直線繡

844
直線繡

3078
2股線
直線繡

646
1股線
直線繡

844
緞面繡

3078　2股線
法式結粒繡

976
法式結粒繡

844
直線繡

3078
裂線繡

646
直線繡

844
直線繡

646
1股線
直線繡

折彎鐵絲的尖端。
鐵絲的根部塗上白膠，
插入法式結粒繡處

眼睛部分
全數使用844
法式結粒繡

844
直線繡

434
緞面繡＋裂線繡

839　1股線
直線繡

844
法式結粒繡

976
裂線繡

434
裂線繡

434
直線繡

844
直線繡

434
1股線
直線繡

844　緞面繡

844　法式結粒繡

844　直線繡

646　1股線
直線繡

822
裂線繡

844
直線繡

646
1股線
直線繡

75

秋天的小路 page 30-31

【材料】DMC繡線25號=368，989，988，3363，320，3012，3772，554，3688，3803，155，168，844，729，5號=368，989，3012

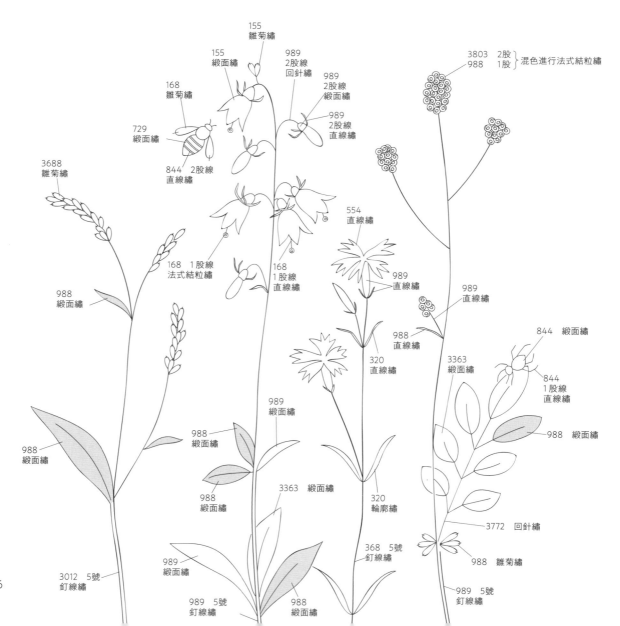

155
雛菊繡

155
緞面繡

989
2股線
回針繡

989
2股線
緞面繡

989
2股線
直線繡

168
雛菊繡

3803 2股
988 1股 } 混色進行法式結粒繡

729
緞面繡

844 2股線
直線繡

3688
雛菊繡

168 1股線
法式結粒繡

168 1股線
直線繡

554
直線繡

989
直線繡

989
直線繡

988
緞面繡

989
直線繡

988
直線繡

844 緞面繡

844 1股線
直線繡

320
直線繡

3363
緞面繡

988 緞面繡

989
緞面繡

988
緞面繡

988
緞面繡

3363 緞面繡

988
緞面繡

320
輪廓繡

3772 回針繡

989
緞面繡

368 5號
釘線繡

988 雛菊繡

3012 5號
釘線繡

989 5號
釘線繡

989 5號
釘線繡

988
緞面繡

76

【材料】DMC繡線25號=368，989，988，3363，320，3348，165，3012，436，3772，554，3688，3687，3607，553，168，844，729，5號=368，989，3012

844　1股線
直線繡

844　1股線
直線繡

436
裂線繡

844　1股線
法式結粒繡

844
直線繡

844
法式結粒繡

165
法式結粒繡

168
雛菊繡

729
緞面繡

844　2股線
直線繡

844　1股線
直線繡

3687　2股
3607　1股 混色進行緞面繡

553
雛菊繡

368　雛菊繡
＋
3012　直線繡

320
直線繡

3348
法式結粒繡

3348
回針繡

368
雛菊繡
＋
3012
直線繡

3348
輪廓繡

989
直線繡

320
直線繡

554
雛菊繡

988
回針繡

988
直線繡

988
輪廓繡

3688
雛菊繡

320
緞面繡

988
緞面繡

3688
法式
結粒繡

368
回針繡

3363
緞面繡

3772
回針繡

989　5號
釘線繡

988
緞面繡

3363
緞面繡

989　5號
釘線繡

368
回針繡

989　5號
釘線繡

3012　5號
釘線繡

368　5號
釘線繡

【材料】DMC繡線25號=165，833，729，420，350，921，822，471

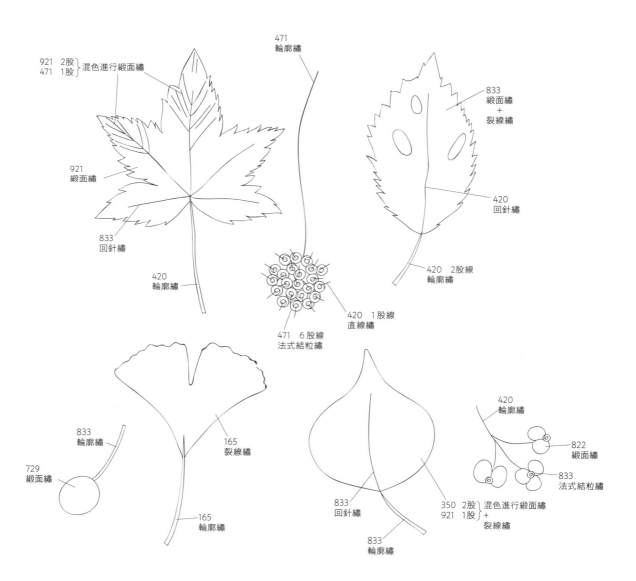

471
輪廓繡

921　2股 }
471　1股 } 混色進行緞面繡

833
緞面繡
＋
裂線繡

921
緞面繡

420
回針繡

833
回針繡

420
輪廓繡

420　2股線
輪廓繡

420　1股線
直線繡

471　6股線
法式結粒繡

420
輪廓繡

833
輪廓繡

165
裂線繡

822
緞面繡

729
緞面繡

833
法式結粒繡

165
輪廓繡

350　2股 }
921　1股 } 混色進行緞面繡
＋
裂線繡

833
回針繡

833
輪廓繡

【材料】DMC繡線25號＝165，833，420，3782，4075，4130（段染線）

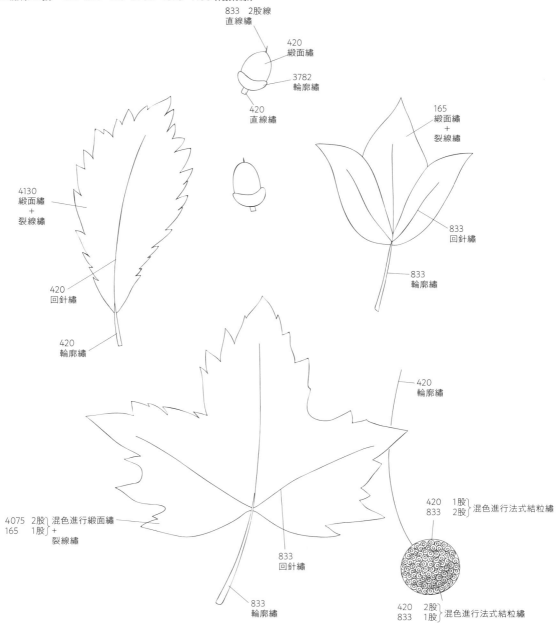

833　2股線
直線繡

420
緞面繡

3782
輪廓繡

420
直線繡

165
緞面繡
＋
裂線繡

833
回針繡

833
輪廓繡

4130
緞面繡
＋
裂線繡

420
回針繡

420
輪廓繡

420
輪廓繡

4075　2股⎫混色進行緞面繡
165　1股⎬
　　　＋
　　　裂線繡

833
回針繡

833
輪廓繡

420　1股⎫混色進行法式結粒繡
833　2股⎬

420　2股⎫混色進行法式結粒繡
833　1股⎬

【材料】DMC繡線25號＝3866，738，437，436，435，420，840，612，677，3822，3046，921，350，647，645，844，5號＝3046

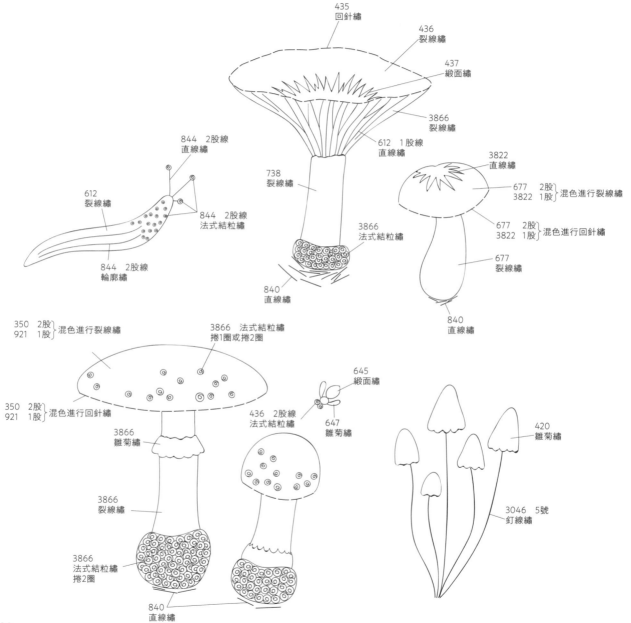

435
回針繡

436
裂線繡

437
緞面繡

3866
裂線繡

612　1股線
直線繡

844　2股線
直線繡

612
裂線繡

844　2股線
法式結粒繡

844　2股線
輪廓繡

738
裂線繡

3866
法式結粒繡

840
直線繡

3822
直線繡

677　2股
3822　1股　混色進行裂線繡

677　2股
3822　1股　混色進行回針繡

677
裂線繡

840
直線繡

350　2股
921　1股　混色進行裂線繡

3866　法式結粒繡
捲1圈或捲2圈

645
緞面繡

350　2股
921　1股　混色進行回針繡

3866
雛菊繡

436　2股線
法式結粒繡

647
雛菊繡

420
雛菊繡

3866
裂線繡

3866
法式結粒繡
捲2圈

840
直線繡

3046　5號
釘線繡

【材料】DMC繡線25號=3866，738，436，420，840，3743，209，340，3046，647，3778，5號=3046

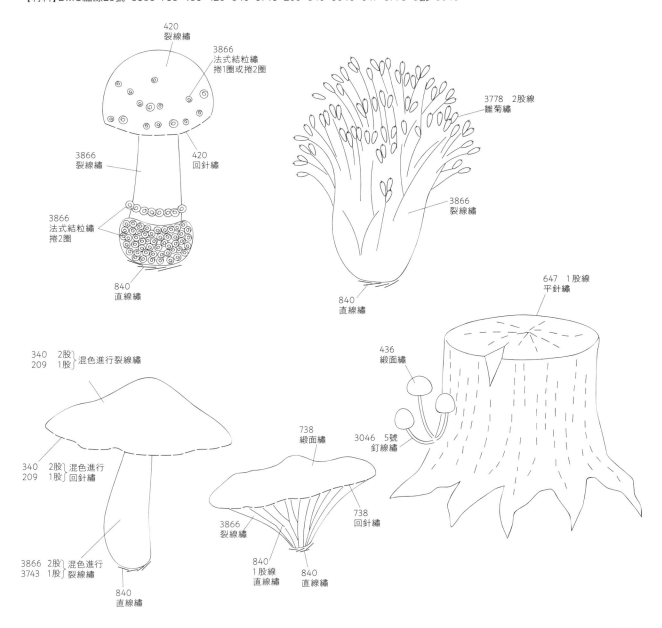

420
裂線繡

3866
法式結粒繡
捲1圈或捲2圈

3866
裂線繡

420
回針繡

3866
法式結粒繡
捲2圈

840
直線繡

3778　2股線
雛菊繡

3866
裂線繡

840
直線繡

340　2股
209　1股 }混色進行裂線繡

340　2股
209　1股 }混色進行
回針繡

3866　2股
3743　1股 }混色進行
裂線繡

840
直線繡

738
緞面繡

3866
裂線繡

840
1股線
直線繡

840
直線繡

738
回針繡

647　1股線
平針繡

436
緞面繡

3046　5號
釘線繡

運河的對岸　page 36-37

【材料】DMC繡線25號=833，301，3023，640，645，ECRU
AFE麻繡線=L903，L910
配色布=AFE薄紗布（綠色）適量

640　2股線
回針繡

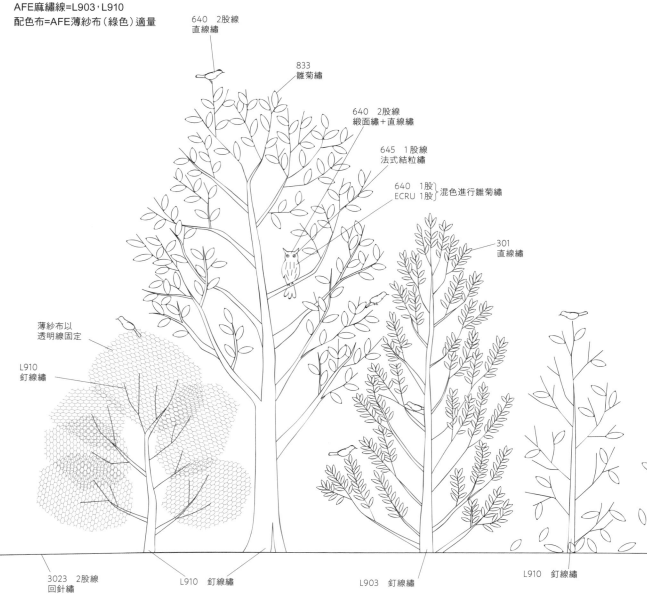

640　2股線
直線繡

833
雛菊繡

640　2股線
緞面繡＋直線繡

645　1股線
法式結粒繡

640　1股
ECRU　1股　混色進行雛菊繡

301
直線繡

薄紗布以
透明線固定

L910
釘線繡

3023　2股線
回針繡

L910　釘線繡

L903　釘線繡

L910　釘線繡

82

【材料】DMC繡線25號=833，782，301，932，3023，640，645，ECRU
AFE麻繡線=L903，L910
配色布=AFE薄紗布（綠色）適量

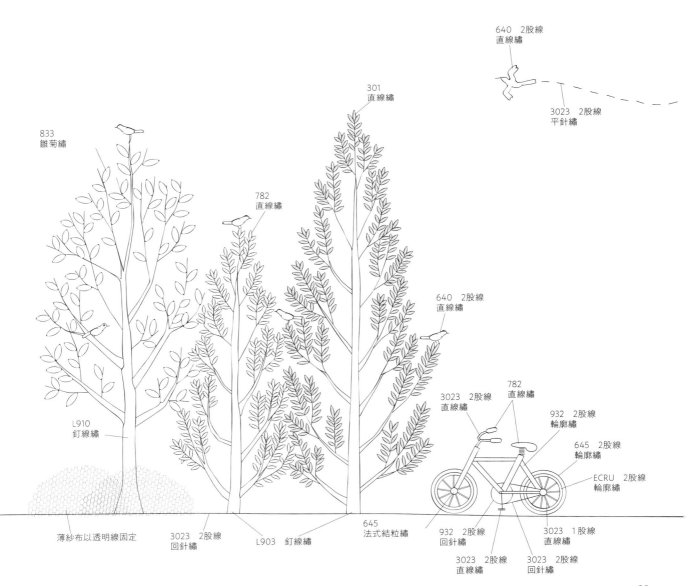

640　2股線
直線繡

3023　2股線
平針繡

301
直線繡

833
雛菊繡

782
直線繡

640　2股線
直線繡

L910
釘線繡

3023　2股線
直線繡

782
直線繡

932　2股線
輪廓繡

645　2股線
輪廓繡

ECRU　2股線
輪廓繡

薄紗布以透明線固定

3023　2股線
回針繡

L903　釘線繡

645
法式結粒繡

932　2股線
回針繡

932　2股線
直線繡

3023　2股線
回針繡

3023　1股線
直線繡

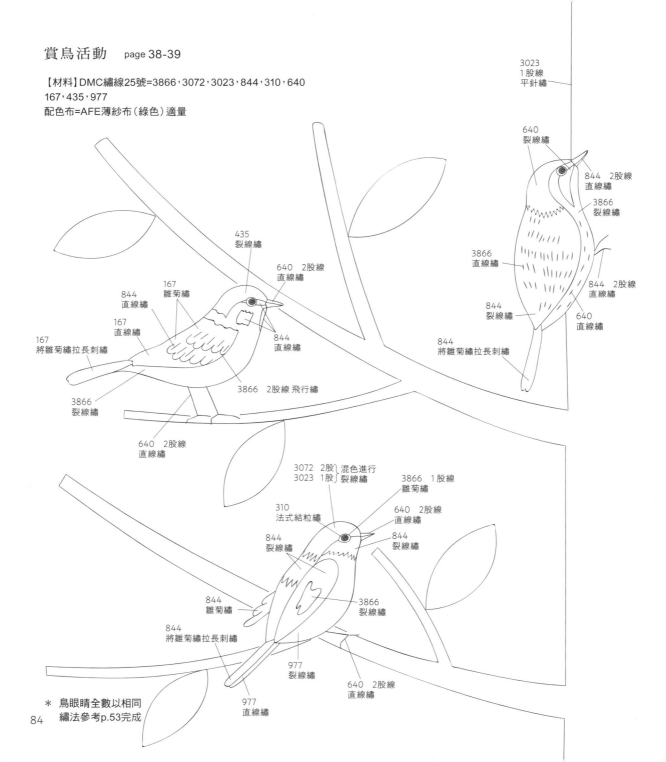

賞鳥活動　page 38-39

【材料】DMC繡線25號=3866，3072，3023，844，310，640
167，435，977
配色布=AFE薄紗布（綠色）適量

3023
1股線
平針繡

640
裂線繡

844　2股線
直線繡

3866
裂線繡

3866
直線繡

844　2股線
直線繡

844
裂線繡

640
直線繡

844
將雛菊繡拉長刺繡

435
裂線繡

640　2股線
直線繡

844
直線繡

167
雛菊繡

167
直線繡

844
直線繡

167
將雛菊繡拉長刺繡

3866　2股線 飛行繡

3866
裂線繡

640　2股線
直線繡

3072　2股
3023　1股
}混色進行
裂線繡

3866　1股線
雛菊繡

310
法式結粒繡

640　2股線
直線繡

844
裂線繡

844
裂線繡

844
雛菊繡

3866
裂線繡

844
將雛菊繡拉長刺繡

977
裂線繡

640　2股線
直線繡

977
直線繡

＊　鳥眼睛全數以相同
　　繡法參考p.53完成

84

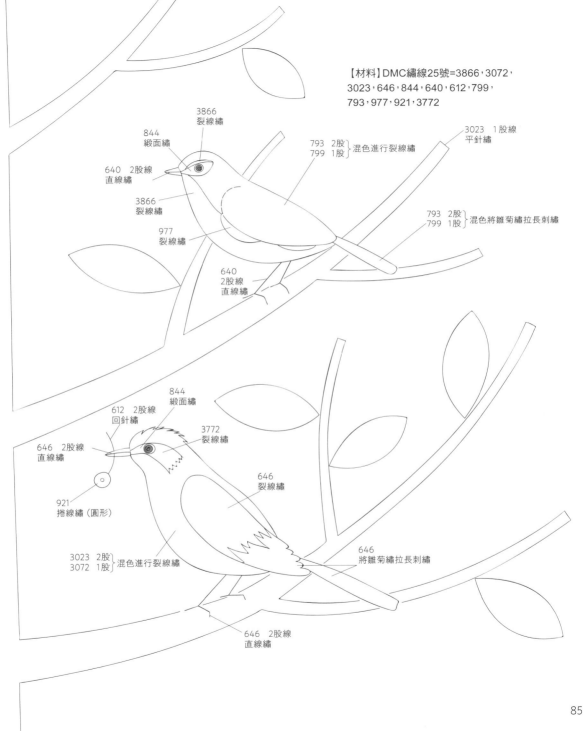

【材料】DMC繡線25號=3866，3072，3023，646，844，640，612，799，793，977，921，3772

3866
裂線繡

844
緞面繡

640　2股線
直線繡

3866
裂線繡

977
裂線繡

640
2股線
直線繡

793　2股
799　1股 } 混色進行裂線繡

3023　1股線
平針繡

793　2股
799　1股 } 混色將雛菊繡拉長刺繡

612　2股線
回針繡

844
緞面繡

646　2股線
直線繡

3772
裂線繡

646
裂線繡

921
捲線繡（圓形）

3023　2股
3072　1股 } 混色進行裂線繡

646
將雛菊繡拉長刺繡

646　2股線
直線繡

寄生草木　page 40-41

【材料】DMC繡線25號=3012，368，3347，11，921，612，5號=612，AFE麻繡線=L204

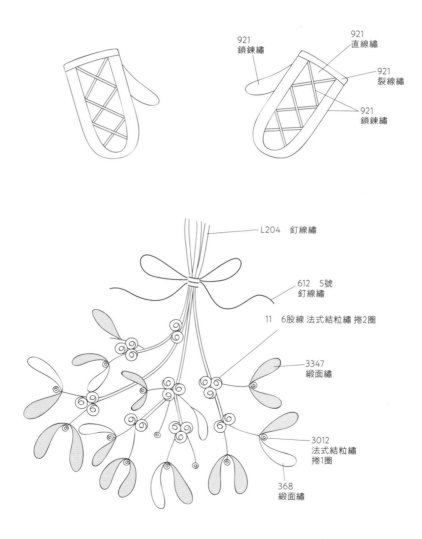

921
鎖鍊繡

921
直線繡

921
裂線繡

921
鎖鍊繡

L204　釘線繡

612　5號
釘線繡

11　6股線 法式結粒繡 捲2圈

3347
緞面繡

3012
法式結粒繡
捲1圈

368
緞面繡

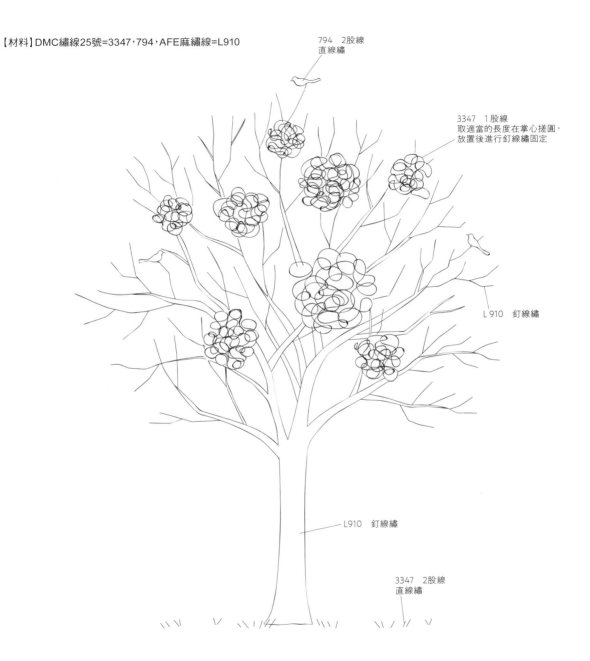

【材料】DMC繡線25號=3347，794，AFE麻繡線=L910

794　2股線
直線繡

3347　1股線
取適當的長度在掌心搓圓，
放置後進行釘線繡固定

L910　釘線繡

L910　釘線繡

3347　2股線
直線繡

【材料】DMC繡線25號=612，841，3772，320，987，3363，3768，3023　5號=612，AFE麻繡線=L403

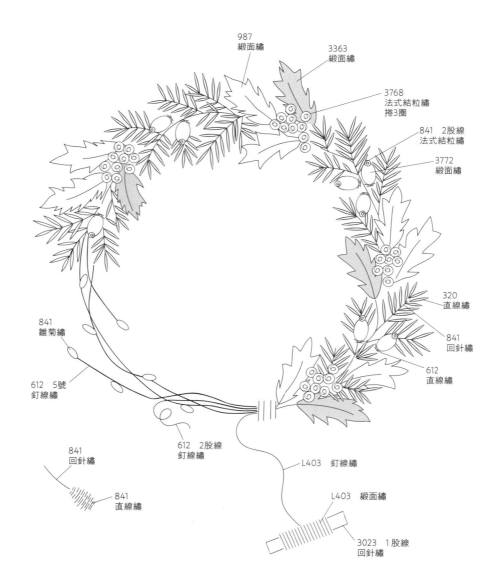

987
緞面繡

3363
緞面繡

3768
法式結粒繡
捲3圈

841　2股線
法式結粒繡

3772
緞面繡

320
直線繡

841
回針繡

612
直線繡

841
雛菊繡

612　5號
釘線繡

841
回針繡

841
直線繡

612　2股線
釘線繡

L403　釘線繡

L403　緞面繡

3023　1股線
回針繡

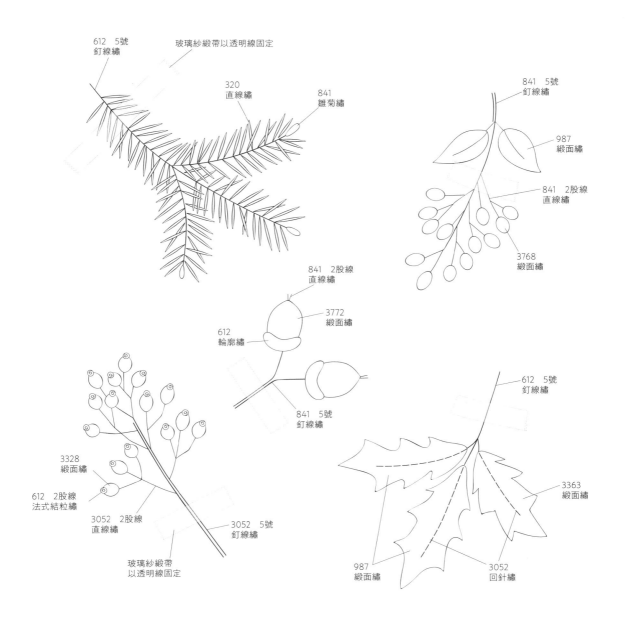

612 5號
釘線繡

玻璃紗緞帶以透明線固定

320
直線繡

841
雛菊繡

841 5號
釘線繡

987
緞面繡

841 2股線
直線繡

3768
緞面繡

841 2股線
直線繡

3772
緞面繡

612
輪廓繡

841 5號
釘線繡

612 5號
釘線繡

3363
緞面繡

3328
緞面繡

612 2股線
法式結粒繡

3052 2股線
直線繡

3052 5號
釘線繡

987
緞面繡

3052
回針繡

玻璃紗緞帶
以透明線固定

【材料】DMC繡線25號=612，841，3772，320，987，3052，3363，3328，3768，5號=612，841，3052
玻璃紗緞帶=MOKUBA刺繡用緞帶No.1500
寬5mm Col.15少許

苔蘚的世界　　page 44-45

【材料】DMC繡線25號=470，368，320，988，3347，
3046，3372，3023，AFE麻繡線=L904
配色布= 聚酯纖維玻璃紗（綠色）適量
雙面接著襯=少許

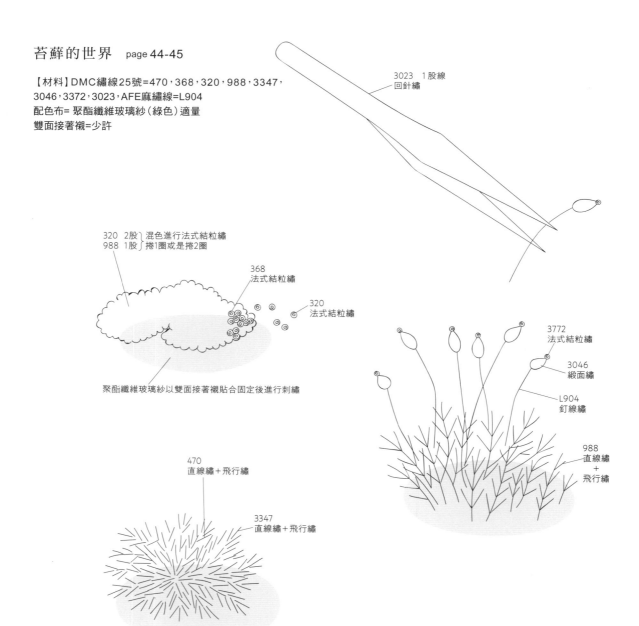

3023　1股線
回針繡

320　2股 混色進行法式結粒繡
988　1股 捲1圈或是捲2圈

368
法式結粒繡

320
法式結粒繡

聚酯纖維玻璃紗以雙面接著襯貼合固定後進行刺繡

3772
法式結粒繡

3046
緞面繡

L904
釘線繡

988
直線繡
+
飛行繡

470
直線繡+飛行繡

3347
直線繡+飛行繡

90

【材料】DMC繡線25號=471，368，320，3347，3372，3023，AFE麻繡線=L908
配色布=聚酯纖維玻璃紗（綠色）適量
雙面接著襯=少許

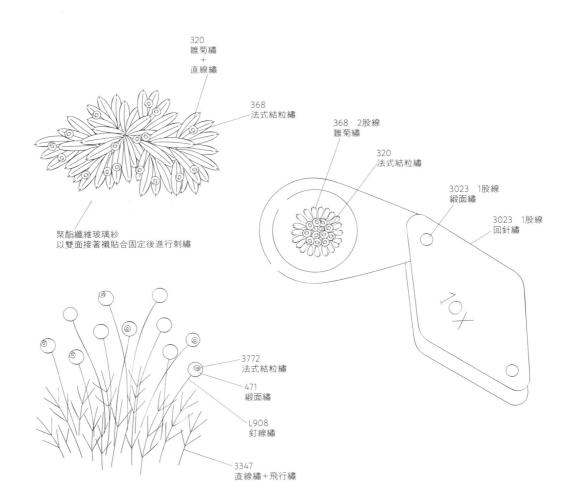

320
雛菊繡
＋
直線繡

368
法式結粒繡

368　2股線
雛菊繡

320
法式結粒繡

3023　1股線
緞面繡

3023　1股線
回針繡

聚酯纖維玻璃紗
以雙面接著襯貼合固定後進行刺繡

3772
法式結粒繡

471
緞面繡

L908
釘線繡

3347
直線繡＋飛行繡

特別與不特別的小物　　page 46-47

【材料】DMC繡線25號=01，648，646，535，844，422，407，07，08，3346，989
　5號=646，989
玻璃紗緞帶=MOKUBA刺繡用緞帶No.1500
寬5mm Col.15少許

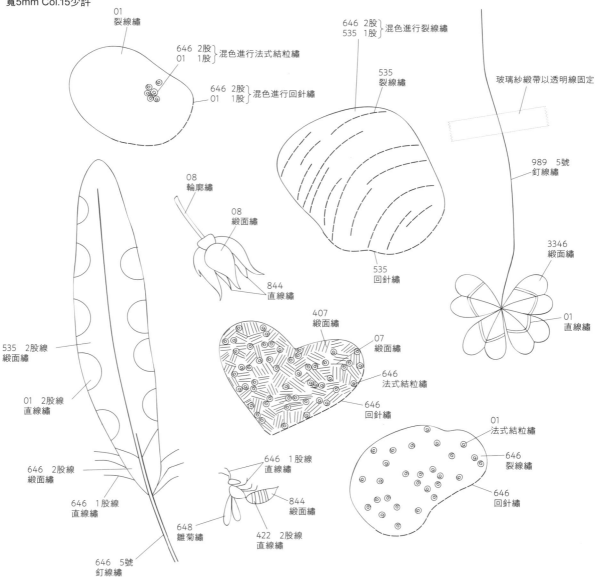

01
裂線繡

646　2股
01　　1股 ⟩混色進行法式結粒繡

646　2股
01　　1股 ⟩混色進行回針繡

646　2股
535　1股 ⟩混色進行裂線繡

535
裂線繡

玻璃紗緞帶以透明線固定

535
回針繡

989　5號
釘線繡

3346
緞面繡

08
輪廓繡

08
緞面繡

844
直線繡

407
緞面繡

07
緞面繡

646
法式結粒繡

646
回針繡

01
直線繡

535　2股線
緞面繡

01　2股線
直線繡

646　2股線
緞面繡

646　1股線
直線繡

646　1股線
直線繡

844
緞面繡

648
雛菊繡

422　2股線
直線繡

646　5號
釘線繡

01
法式結粒繡

646
裂線繡

646
回針繡

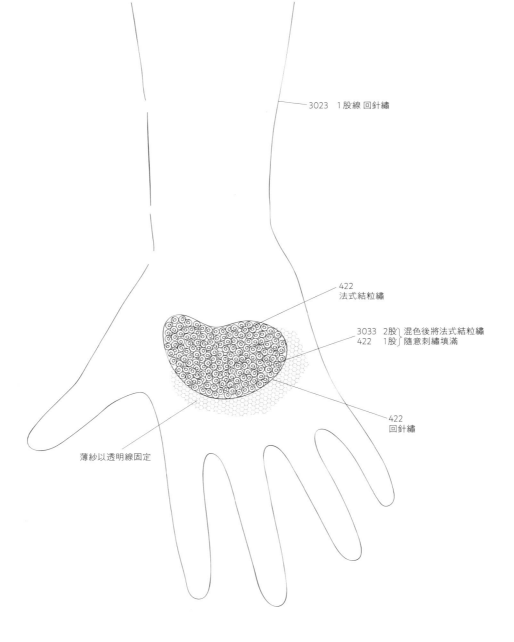

3023　1股線 回針繡

422
法式結粒繡

3033　2股⎫混色後將法式結粒繡
422　1股⎭隨意刺繡填滿

422
回針繡

薄紗以透明線固定

【材料】DMC繡線25號= 3033，422，3023
配色布= 聚酯纖維薄紗（青苔綠）適量

尾聲

小時候在住家附近散步，發現了素燒陶器，從庭院裡發現了白色貝殼，當時覺得非常不可思議。

雖然現今是被一整面綠油油色彩覆蓋的住宅用地，但聽說在很久很久以前是海邊，曾住著繩文時代的人們，在那裡生活。

散步途中，手裡撿起來的小石頭，說不定古時的人們，在走路的時候就在腳邊了！

想到數千年以前，在同樣的地方、也同樣地有人像這樣仰頭望著天空，就覺得心情舒暢，像是要被吸引到彼岸去。

在此分享我喜歡的書，最後一句名言：

"Don't hurry, don't worry.
We are only　here for a short visit
So be sure to　stop and smell the flowers"
　　　　　　　　　　Walter Hagen

在開滿花朵的步道，悠悠哉哉的散步吧！

♥ 愛｜刺｜繡｜26

青木和子的刺繡漫步手帖

作　　　者／青木和子		
譯　　　者／駱美湘		
發　行　人／詹慶和		
執　行　編　輯／黃璟安		
編　　　輯／蔡毓玲‧劉蕙寧‧陳姿伶		
執　行　美　編／周盈汝		
美　術　編　輯／陳麗娜‧韓欣恬		
出　版　者／雅書堂文化事業有限公司		
發　行　者／雅書堂文化事業有限公司		
郵政劃撥帳號／18225950		
戶　　　名／雅書堂文化事業有限公司		
地　　　址／220新北市板橋區板新路206號3樓		
電　子　信　箱／elegant.books@msa.hinet.net		
電　　　話／(02)8952-4078		
傳　　　真／(02)8952-4084		
電　子　郵　件／elegant.books@msa.hinet.net		

2021年01月初版一刷　定價420元

SANPO NO TECHO AOKI KAZUKO NO SHISHU
Copyright © Kazuko Aoki 2018
All rights reserved.
Original Japanese edition published in Japan by EDUCATIONAL
FOUNDATION BUNKA GAKUEN BUNKA PUBLISHING BUREAU.
Traditional Chinese edition copyright ©2021 by Elegant Books Cultural
Enterprise Co., Ltd.
Chinese (in complex character) translation rights arranged
with EDUCATIONAL FOUNDATION BUNKA GAKUEN BUNKA
PUBLISHING BUREAU
through Keio Cultural Enterprise Co., Ltd.

經銷／易可數位行銷股份有限公司
地址／新北市新店區寶橋路235巷6弄3號5樓
電話／(02)8911-0825
傳真／(02)8911-0801

國家圖書館出版品預行編目資料

青木和子的刺繡漫步手帖 / 青木和子著；駱美
湘譯 .-- 初版 .-- 新北市：雅書堂文化事業有限
公司 , 2021.01
　面；　公分 .-- (愛刺繡；26)
ISBN 978-986-302-572-6(平裝)

1. 刺繡 2. 手工藝

426.2　　　　　　　　　　　　109020587

青木和子　*Kazuko Aoki*

在日常生活當中，將自己親手種植的庭院裡的花朵，或是旅途中所遇見的原野與庭院裡的花草們寫下來，再將它們描繪在布料的刺繡。大多數成為非常自然而且具有魅力的作品，令人愛憐、有美感、有趣味性，引起大眾的共鳴。不只是身為手工藝家，也兼任園藝家，熱心的繼續鑽研學問。

「青木和子 旅行的刺繡 去英國望見原野」
「青木和子 刺繡的菜單A to Z」
「青木和子 十字繡A to Z」
「青木和子 旅行的刺繡2 紅髮安妮之島」
「青木和子 季節的刺繡 SEASONS」
「青木和子的刺繡 庭園的花草圖鑑」
「青木和子 旅行的刺繡3 探訪科茨沃爾德與湖水地方」
「青木和子的刺繡 庭園裡的蔬菜圖鑑 」
（以上全數為文化出版局刊物）等作品。也出版過翻譯本於法國、中國、台灣等地。部分繁體中文版著作由雅書堂文化出版。

參考文獻

したたかな植物たち 多田多惠子 SCC
野の草花 古谷一穂 高森登志夫 福音館書店
にわやこうえんにくるとり 藪内正幸 福音館書店
ときめくコケ図鑑 田中美穂 山と溪谷社
のはらのずかん 長谷川哲雄 岩崎書店
木の図鑑 長谷川哲雄 岩崎書店
森のきのこ 小林路子 岩崎書店
里山の野鳥ハンドブック 小宮輝之 NHK出版
The Flower Shop Sally Page Fanahan Books

Special thanks
國府田春美

繡線提供
ディー・エム・シー（DMC）
http://www.dmc.com
麻繡線提供
アートファイバーエンドー（AFE）
http://www.artfiberendo.co.jp/

〔Staff〕

書籍設計	天野美保子
攝影	安田如水（文化出版局）
製圖	day studio ダイラクサトミ
DTP執行	文化フォトタイプ
校閱	堀口惠美子
編輯	大澤洋子（文化出版局）

Embroidered
Wild
Flowers

Embroidered
Wild
Flowers

Embroidered
Wild
Flowers

Embroidered
Wild
Flowers